DK多姿多彩的
鸟类百科

［英］大卫·林多　著
［英］克莱尔·麦克尔法特里克　绘
吴学安　译

浙江教育出版社·杭州

图书在版编目（CIP）数据

DK多姿多彩的鸟类百科 ／（英）大卫·林多
(David Lindo) 著 ；（英）克莱尔·麦克尔法特里克
(Claire McElfatrick) 绘 ；吴学安译. —— 杭州 ：浙江
教育出版社，2023.4
　ISBN 978-7-5722-5699-8

Ⅰ. ①D… Ⅱ. ①大… ②克… ③吴… Ⅲ. ①鸟类–
少儿读物 Ⅳ. ①Q959.7-49

中国国家版本馆CIP数据核字(2023)第058665号

引进版图书合同登记号 浙江省版权局图字：11—2023—084

DK多姿多彩的鸟类百科
DK DUOZIDUOCAI DE NIAOLEI BAIKE
［英］大卫·林多　著
［英］克莱尔·麦克尔法特里克　绘
吴学安　译

责任编辑：王方家	美术编辑：韩　波
责任校对：王晨儿	责任印务：曹雨辰

出版发行　浙江教育出版社（杭州市天目山路40号）
印刷装订　惠州市金宣发智能包装科技有限公司
开　　本　635mm×965mm　1/8
印　　张　11
字　　数　220 000
版　　次　2023年4月第1版
印　　次　2023年4月第1次印刷
标准书号　978-7-5722-5699-8
定　　价　98.00元

如发现印、装质量问题，影响阅读，请联系调换。
联系电话：010-62513889

Original Title: The Extraordinary World of Birds
Copyright © Dorling Kindersley Limited, London, 2022
A Penguin Random House Company

FSC® C018179
混合产品
纸张｜
支持负责任林业

For the curious
www.dk.com

DK多姿多彩的
鸟类百科

窗外有一个多姿多彩的鸟类世界。来看看吧！

　　跟我一起来看看为什么鸟类如此迷人。鸟类具有一些其他动物没有的特征，例如羽毛、喙和翅膀。大多数鸟类会飞，而有些不会飞的鸟类发展出了惊人的奔跑或游泳的能力。有些鸟类会发出令人惊叹的美妙鸣声，有些鸟类有着鲜艳的色彩，有些鸟类则非常神秘并且罕见。多姿多彩的鸟类不断地给我们带来惊喜。

　　我从小就喜欢鸟，希望你也一样！

大卫·林多

目 录

什么是鸟？

　　鸟是一类具有多种形态、大小和颜色的动物。每种鸟都非常独特，令人惊讶，令人着迷。

　　鸟类是活下来的恐龙！除了这个令人瞠目结舌的事实外，它们最奇妙的事情之一是彼此之间有很大的差异。鸟类都有羽毛和翅膀，但是有些鸟类不会飞。不同的鸟类吃不同种类的食物，因此它们发展出了不同形状的喙，以适应它们的饮食习惯。不同鸟类的巢穴、蛋和雏鸟看起来也很不同。鸟类真的是千姿百态！

雌性火冠戴菊的头部有黄色条纹，而雄性的头部则有火焰似的橙色条纹。

鸟类的外貌和行为都与它们的恐龙祖先有些相像。

吉祥鸟
（1.24亿年前）

小盗龙
（1.25亿年前）

远 亲

鸟类是恐龙家族中的兽脚亚目动物。兽脚亚目动物通常体型小，速度快，有较大的大脑、敏锐的感官和轻盈的骨骼。所有兽脚亚目动物都有羽毛，其中许多动物有翅膀。

孔子鸟
（1.25亿年前）

热河鸟
（1.2亿年前）

霸王龙
（6.8千万年前）

北山龙
（1.2亿年前）

第一个鸟类化石

1861年，当第一个鸟类化石被发现时，科学家感到很惊讶。这个化石是始祖鸟化石。始祖鸟拥有像鸟类一样的羽毛，也拥有像恐龙一样的牙齿和爪子。人们开始意识到鸟类和恐龙是有亲缘关系的。

始祖鸟
（1.5亿年前）

家 鸽
甚至鸽子也与恐龙有
亲缘关系。

今天的恐龙

科学家认为，一颗陨石撞击地球
造成了恐龙的灭绝，但是有些兽脚亚
目动物在这次灾难中幸存下来，经过
数百万年的进化，变成了1万多种"恐
龙后代"，也就是今天的鸟类。

活恐龙

鸟类是恐龙家谱的一个分支。随着时间的推移，鸟类一
次又一次地进化，慢慢地变成了我们如今看到的样子。

飞 行

尽管许多昆虫和蝙蝠等动物会飞行，但鸟类才是真正的空中主人。有些鸟只能进行短距离飞行，而有些鸟能进行长距离飞行，还有些鸟甚至能在高空中不着陆地飞行数月，甚至数年。

苍头燕雀

为了便于飞行，鸟类的身体通常很轻。它们的骨骼是中空的，但非常结实。

鸟类的羽毛很轻，由羽枝相连构成。

鸟类的身体

鸟类是大自然中的完美飞行机器，它们的每一个身体构件都有助于它们在空中飞行。

尾巴充当舵的作用，帮助鸟类改变方向或在空中减速。

鸟类具有流线型身体，有助于它们飞行时在空气中完美地穿梭。

欧绒鸭

雨燕具有完美的流线型身体，是专门为了天空中的生活而形成的。

澳洲鲣鸟

长尾巧织雀

这种世界上最重的鸭子能够以110千米/时的速度飞行。

非洲棕雨燕

鲣鸟能够以95千米/时的速度俯冲入海水。

有些鸟长着超长的尾羽，但它们仍然能够飞行。

这种蜂鸟每秒能够拍打翅膀高达70次。

叉扇尾蜂鸟

鸟类如何飞翔

鸟类会飞，是因为它们有翅膀。鸟类能通过拍打它们的一对翅膀来抵抗重力，留在空中。

红隼在寻找猎物时张开翅膀和尾巴盘旋。

灰鹱的长翅膀使它们在捕猎时能够在海浪上空滑翔。

红隼

北极燕鸥

飞行的目的

鸟类飞行不只是为了好玩，也是为了躲避天敌、追逐猎物或者迁徙。

灰鹱

长长的翅膀和分叉的尾巴使这种鸟能够优雅轻盈地在空中飞行。

河乌不仅是强壮的飞行者，它们也用翅膀在水下游泳。

噪鹮

角嘴海雀

加州兀鹫

巴布亚企鹅

威猛的兀鹫用巨大的翅膀在空中滑翔和翱翔。

噪鹮用超宽的翅膀猛烈地拍打空气。

白喉河乌

海雀急速地扇动着短小的翅膀，使自己保持在高空中。

飞行方式

企鹅是不会飞的鸟类，但是它们有像鳍状肢一样的翅膀，使它们能在水下"飞行"。

鸟类的飞行方式有多种，主要是以不同的速度鼓翼、滑翔以及通过气流中获得的能量翱翔。

100多对群居织巢鸟和它们的雏鸟共享一座巨大的鸟巢，每个家庭都有自己的巢室。

群居织巢鸟

惊人的鸟巢

大多数鸟类都会筑巢，用来保护它们的蛋和雏鸟的安全。鸟巢就像鸟类本身一样，千姿百态，由各种材料构成，并且被建造在各种奇怪的地方！

鸟类建筑师

有些鸟巢看起来精致纤巧，但实际上非常结实，能够抵抗各种拉扯而不变形，通常需要很长时间才能完成建造。有些鸟类建造由许多家庭共享的巨大鸟巢。

雄性园丁鸟用枯枝建造结构复杂的"求偶亭"，并且用明亮的物体装饰它，以吸引雌性园丁鸟。

大亭鸟（最大的园丁鸟）

拟椋鸟的鸟巢是挂在树上可以摆动的鸟巢。同一棵树上可能会挂着多个鸟巢。

这种住在洞穴中的鸟用黏稠的唾液筑巢！

黑头织雀

黑头织雀的巢需要用大约300根草、树叶和枝条建造而成。

褐拟椋鸟

爪哇金丝燕

白玄鸥

白玄鸥不筑巢，而是在光秃秃的树枝上产卵！

欧洲白鹳

筑巢的好地方

小型鸟类倾向于将鸟巢筑在灌木丛和树木中便于隐藏的地方，而较大的鸟类经常在开阔的地带筑巢。鸟巢通常很结实，可使用很多年。

游隼

游隼已经学会在建筑物上而不是悬崖上筑巢。

欧亚鸲

由欧洲白鹳建造的巨大的巢可重达一匹马的重量！

欧亚鸲俗称知更鸟，它们喜欢在意想不到的地方筑巢，使它们的雏鸟有一个安全的藏身之处。

大西洋鹱

这种海鸟的巢在深洞中，它们只在晚上才回巢。

11

鸟蛋和雏鸟

所有鸟类都产蛋。雌性鸟类的产蛋量因物种而异。大部分鸟类孵化蛋时都坐在蛋上，使蛋保持温暖，直到蛋孵化成雏鸟，破壳而出。

金雕蛋

坚硬的鸟蛋

虽然鸟蛋易碎，但是它们非常坚硬，这是因为它们需要保护里面将要或正在发育的雏鸟。当然，如果鸟蛋从高处掉下来，可能会摔裂！

非洲鸵鸟蛋

在洞穴中筑巢的鸟类，例如灰林鸮和几维鸟，通常产白色的蛋。

灰林鸮蛋

红松鸡蛋

有斑点的蛋在鸟巢所在的地面上不易被发现。

这是最大和最小的鸟蛋与鸡蛋的比较。

鸡蛋

吸蜜蜂鸟蛋

红嘴鸥蛋

西鹌鹑蛋

普通潜鸟蛋

雀鹰蛋

大海雀蛋
（已灭绝）

漠百灵

刚出生的漠百灵有细微的羽毛，有助于它们保持凉爽。

红腿鸥鸪

红腿鸥鸪刚孵化时就已经有羽毛，并且能奔跑。

雏鸟的种类

有些雏鸟出生时就长满了绒羽，能够自己奔跑和啄食，而有些雏鸟刚刚孵化时是没有羽毛的，在数星期的时间内完全依赖鸟妈妈。

环颈鸻

环颈鸻出生时就有柔软的绒羽和强壮的长腿。

白头海雕

麝雉

麝雉雏鸟的每只翅膀上都有一个爪子，有助于它们爬树枝。

白头海雕刚出生时很弱，而且眼睛看不见物体。很难想象长大以后的白头海雕是那样地威猛！

蜗鸢的钩状喙能从蜗牛
壳中叼出蜗牛的肉身。

蜗 鸢

鸟类吃什么？

大多数鸟类都是杂食动物，也就是说，它们既吃动物也吃植物。食物为鸟类提供了生活所需的营养，更重要的是，为它们提供了飞行、奔跑或游泳所需要的能量。鸟类以各种方式寻找食物。

啄木鸟用它们的喙敲击树干，寻找里面的蛆虫。

大斑啄木鸟

赤肩鵟用敏锐的双眼寻找猎物，用锋利的爪子捕捉猎物。

赤肩鵟

普通秋沙鸭

普通秋沙鸭的喙边缘有微小齿状突起，有助于它们衔住滑溜溜的鱼。

寻找食物

鸟类用眼睛寻找食物。有些鸟类习惯在巢穴附近寻找果实或昆虫等食物，而有些鸟类则不得不到处搜寻食物。

錫嘴雀

鸲姬鹟

刀嘴蜂鸟

吃种子的鸟类

大多数吃种子的鸟类，例如雀类，都有圆锥形喙，有助于咬碎坚硬的种子。

吃虫的鸟类

食虫鸟类，例如鸲姬鹟，有细窄的喙，便于捕虫。

喝花蜜的鸟类

蜂鸟以将长长的喙探入花中吮吸甜花蜜而闻名。

小白鹭

雀鹰

不同的鸟类有形状不同的喙，每一种喙都与吃什么食物有关。喙很轻，但是有助于鸟类获得合适的食物，因此非常重要。

捕鱼的鸟类

善于捕鱼的鸟类，例如小白鹭，通常有长长的像匕首一样的喙，用来扎和夹猎物。

捕猎的鸟类

鹰和其他捕食动物的鸟类有强壮的钩状喙，用来撕开猎物的肉。

白腰杓鹬

非洲灰鹦鹉

鲸头鹳

探觅食物的鸟类

杓鹬等探觅食物的鸟类将喙插入海岸边的泥中探觅无脊椎动物。

吃果实的鸟类

鹦鹉的钩状喙弯而有力，非常适合采摘和食用硬壳果。

其他种类

有些鸟类的喙是高度专门化的。例如，鲸头鹳有用来捕捉大河鱼的大喙。

令人惊叹的鸟类

世界上大约有10500种鸟，每一种都有帮助自己生存的特殊能力和身体结构。让我们来看一看鸟类创造的一些惊人的纪录。

最大的鸟类

非洲鸵鸟

一个鸵鸟蛋的重量相当于24个鸡蛋的重量。

最小的鸟类

吸蜜蜂鸟

最强壮的鸟类

没有人知道这种鸟为什么会把石头衔到它们的巢穴中。

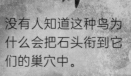

白尾黑鵙

最大的鸟类

鸵鸟是地球上最高和最重的鸟类。它们源于非洲。雄性鸵鸟的身高可以达到2.8米，比世界上最高的人还要高。

最小的鸟类

吸蜜蜂鸟是世界上最小的鸟类，甚至比有些昆虫还要小！雄性吸蜜蜂鸟身长约5.5厘米，雌性吸蜜蜂鸟稍微长一点。

最强壮的鸟类

白尾黑鵙的体型虽然小，却是鸟类中搬运重物的金牌获得者。雄性白尾黑鵙能将重达它们体重三分之二的石头衔到巢穴中。

翼展最长的鸟类

漂泊信天翁

这种巨大的海鸟每年可以飞行12万千米！

这是体型第三大的企鹅物种。

游泳最快的鸟类

巴布亚企鹅

飞行最快的鸟类

游隼

翼展最长的鸟类

漂泊信天翁是拥有最长翼展的鸟类。当它们完全展开翅膀时，从一只翅膀的尖端到另一只翅膀的尖端的长度可达3.5米，相当于一辆小型汽车的长度。

游泳最快的鸟类

巴布亚企鹅不会飞，但它们非常善于游泳，在水中的最高速度为36千米/时，这与屡创纪录的短跑运动员尤塞恩·博尔特的最高速度差不多！

飞行最快的鸟类

游隼不仅是飞行最快的鸟类，还是世界上运动最快的动物！当它们追捕猎物时，速度可达390千米/时，比兰博基尼汽车还快。

金刚鹦鹉生活在南美洲树木繁茂的栖息地。

鸟的分类

人们根据形态特征和习性，将世界上的所有鸟分类。

同一类中的一些鸟是近亲，例如不同颜色的鹦鹉之间有近亲关系。有些生活在不同栖息地的同一类鸟可能有不同的形态和特征。因此，尽管同一类的鸟有一些共同之处，但是它们之间仍然可能有很多出乎预料的不同之处。

不会飞的鸟类

大多数鸟类都会飞，但是有60多种鸟在进化过程中失去了飞行的能力。不会飞的鸟类通常生活在没有捕食性动物的岛屿上，它们在不需要飞行的环境中进化，从而渐渐地失去了飞行能力。

弱翅鸬鹚

帝企鹅

这种生活在岛屿上的鸟在跳过海岸岩石时用短小的翅膀来保持平衡。

企鹅不需要飞行，因为它们是非常出色的水鸟。帝企鹅有很强的潜水能力，能比其他鸟类潜到更深的海域。

进化

数百万年来，有些鸟类逐渐进化，变得不会飞了，这种进化经常发生在孤立的岛屿上，环境中没有捕食性动物，食物充足，因此生活在岛屿上的鸟再也不需要飞了。

即使是会飞的鸟类也可以通过步行或游泳来四处移动。

这种大鸭子在遇到危险时会用脚和小翅膀快速划动，逃离危险。

短翅船鸭

鸸鹋奔跑时，扇动小翅膀使自己保持稳定。

非洲鸵鸟

鸸鹋

这种巨大的鸟有强壮的腿，它们奔跑的速度很快，比人类快得多。

马可罗尼企鹅

不同的身体

不会飞的鸟的身体通常又大又重，因为它们不再需要飞行所需要的流线型体型和中空骨骼。许多鸟已经进化出用于奔跑的强壮的腿。

马可罗尼企鹅和其他企鹅仍然拥有流线型体型，但是它们的翅膀用于游泳而不是用于飞行。

大斑几维鸟是几维鸟中体型最大的种类，但它们有很小的翅膀。

大斑几维鸟

这种濒临灭绝的水鸟生活在南美洲的一个湖泊中。

年幼的大骨顶会飞，但是成年后就失去了飞行能力！

秘鲁鸊鷉

大骨顶

不会飞的坏处

虽然不会飞的鸟能很好地适应它们的栖息地，但是如果它们的栖息地发生变化，例如人类的到来，它们的种群就可能会处于危险之中。

渡渡鸟

这种大鸟是鸽子的亲戚，在猎人来到它们居住的岛屿后，它们很快就灭绝了。

大海雀

这种北极海鸟的栖息地几乎没有捕食它们的动物，所以它们也不怕人类，但是它们在很短的时间内就因人类的捕杀而灭绝。

威克岛秧鸡

威克岛秧鸡曾经生活在马绍尔群岛中的威克岛上，但是由于第二次世界大战期间来到岛上的士兵的过度猎杀而灭绝。

猎禽

这类鸟的翅膀很短，喜欢待在地面上。不幸的是，这些漂亮的动物经常因为游猎运动或被当作食物而被人类猎杀。

柳雷鸟

柳雷鸟的毛色在冬天会变白，以适应它们的高山栖息地的积雪。

雄性高加索黑琴鸡成群结队地向雌性求偶炫耀。

高加索黑琴鸡

盔珠鸡

枞树鸡

当人类接近彩鹑时，它们会吓得呆住，而不是飞走。

不太会飞的鸟类

几乎所有的猎物鸟都不能长距离飞行。它们通常待在地面上，也可能会睡在树上。

珠鸡会飞，但是它们通常用脚行走。

彩鹑

家禽

鸡是人类最早驯化的鸟类，对它们的驯化发生在大约8000年前。鸡是人类很重要的食物来源。

有些鹌鹑是人类为了生产蛋和肉而饲养的，而有些鹌鹑是野生的，例如珠颈翎鹑。

火鸡

珠颈翎鹑

火鸡在2000多年前被驯化。

在猎禽中，火鸡的体重是最重的。

野生火鸡

蓝孔雀因华丽的尾羽闻名。

保持安全

由于猎物鸟不善于飞行，因此它们有其他远离捕食性动物的方法。它们的羽毛有助于它们伪装，因此可能很难被发现，而且它们也倾向于群居。

蓝孔雀

白冠长尾雉

这种角雉的食物主要是花、叶和草。

蓝鹇

红腹角雉

刚果孔雀

猎物鸟与人类

有些猎物鸟被人类大量引入，因而可以被随意地猎杀。也有些猎物鸟物种处于极度濒危状态。

这种分布范围很广的野鸡是世界上被猎杀最多的鸟类。

雉鸡

这种鸟生活在茂密的丛林中，因此十分罕见。

公鸡

像其他一些雄性猎禽一样，公鸡的脸上有红色的肉，被称为"垂肉"。

母鸡

人工饲养的母鸡的产蛋量已超过野生猎物鸟的产蛋量。

23

鹦鹉

世界上有350多种鹦鹉，它们通常色彩鲜艳，而且非常吵闹！有些鹦鹉物种只生活在一个很小的地区，而有些鹦鹉物种则遍布世界各地。

鹦鹉的世界

当你想到野生鹦鹉时，你可能会想象它们在丛林中鸣叫。然而，鹦鹉也生活在荒漠中、山区，甚至城市中。

黄翅斑鹦哥

斯比克斯金刚鹦鹉

红绿金刚鹦鹉

雄性和雌性金刚鹦鹉实行一夫一妻制，结对终生。它们也是受欢迎的宠物。

虹彩吸蜜鹦鹉

黄嘴亚马逊鹦鹉

啄羊鹦鹉生活在山区，它们的食物包括肉类。

和尚鹦鹉

南方锥尾鹦鹉

绿草玫瑰鹦鹉在森林树冠层和林下层中寻找食物。

绿草玫瑰鹦鹉

啄羊鹦鹉

这种生活在南美的鹦鹉是南美栖息地最靠南的鹦鹉物种。

费沙氏情侣鹦鹉
费沙氏情侣鹦鹉非常深情，如果与伴侣分开就会生病。

米切氏凤头鹦鹉

惊人的技能
鹦鹉有一些令人惊叹的天性，例如灵活、长寿和聪明。它们能学习复杂的任务，甚至能模仿人类说话！

金黄锥尾鹦鹉

蓝盖鹦鹉

鸮鹦鹉
这种大鹦鹉不会飞，并且只在夜间活动。

眼镜鹦哥

绿色和蓝色的羽毛帮助这种鹦鹉隐藏在树叶中。

红尾黑凤头鹦鹉

鸮鹦鹉

不寻常的鹦鹉
有些种类的鹦鹉具有令人惊讶的形态特征。例如，鸮面鹦鹉和夜鹦鹉在夜间活动，鸮鹦鹉的头是秃的！

夜鹦鹉

短趾雕

短趾雕主要以蛇为食。

这种凶猛的鹰以小型林地动物为食。

食猿雕

苍鹰

狩猎技术

狩猎鸟有多种狩猎方法，有些狩猎鸟用追逐或突袭来捕食，而有些狩猎鸟则寻找死去的动物。

肉垂秃鹫

食猿雕也被称为食猴鹰，它们是世界上最大的鹰。

栖息地

许多栖息地都有猛禽，包括北极地区和热带丛林。你也可以在我们的混凝土丛林中看见它们！

蛇鹫

这种长腿猎鸟用脚踩住爬行动物来捕食它们！

狩猎鸟

这些鸟通常被称为"猛禽"，其中有许多不同的物种。它们都是食肉鸟类，但是吃的食物不同。雌性猛禽通常比雄性大，因此能捕食更大的猎物。

欧亚鵟

这种鸟从东欧和中国长途迁徙到非洲过冬。

眼镜鸮

纵纹腹小鸮

短尾雕

这种猫头鹰很会把握机会，它们不失时机地攻击任何在眼前的鸟类或其他小型动物。

长尾林鸮

黄爪隼

黄爪隼成群结队地盘旋来寻找大型昆虫。

东美角鸮

即使在城市中心，你也能在树木繁茂的地方看到这种猫头鹰。

人类与猛禽

不幸的是，人类将猛禽视为对家畜和牲畜的威胁，常常因此杀死猛禽。

水鸟

这类鸟在水中或水边生活。有些水鸟有蹼足，便于在水中游泳，而有些水鸟则用长腿涉水。

加拿大黑雁

白颈鹭

黄喉岩鹭

疣鼻天鹅

在干旱的澳大利亚，这种鹭不停地寻找湿地。

栖息地

许多栖息地都有水鸟筑巢和觅食，包括海岸线、湿地、湖泊和河流。你可能会在淡水和咸水栖息地发现不同的水鸟。

绿头鸭

厚嘴棉凫

美洲红鹮

肉垂水雉

琵嘴鸭

这种鸟的鲜艳漂亮的羽毛颜色来自它们吃的红虾和贝类。

角鸊鷉

这种鸊鷉吃自己的羽毛来帮助消化胃里的鱼刺。

黑腹树鸭

与许多其他鸭子物种不同，黑腹树鸭实行一夫一妻制，一对配偶经常一起生活多年。

丘 鹬

远离水

有些鸟类看起来属于水鸟家族，但是它们并不生活在水生栖息地，而是在树林中或草原中度过一生。

多样性

从小海滨鸟到大天鹅，水鸟的体型差异很大。它们的喙可能是短的、长的或弯曲的，这取决于它们进食或捕食的方式。

小红鹳，又名小火烈鸟

火烈鸟用喙将小虾与水一起吮入口中，然后将水滤出去。

斑尾塍鹬

塍鹬觅食时将长长的喙插入湿泥中寻找无脊椎动物。

海鸟

这类鸟一生都在海上度过，只有在抚养雏鸟时才会去陆地上活动。有些海鸟可以在水面上漂浮一段时间，甚至可以潜入水中，而有些海鸟则只是掠过水面抢食。不幸的是，由于人类的活动，这些非凡的鸟类中有许多正处于危险之中。

北极海鹦

海鹦颜色鲜艳的喙在冬天会变小，颜色也变成灰色。

海上的生活

海鸟拥有各种在海上生存的技能。它们善于飞行、滑翔和捕鱼。有些物种能够潜入海水中捕鱼。

漂泊信天翁能活50多年。

海鸟面临的危险

人类的过度捕捞使有些海鸟难以找到足够的食物，污染会导致海鸟吞下塑料碎片，而石油泄漏则会损坏海鸟的羽毛并且毒害海鸟。

这种微小的海鸟有喉囊，用来储存甲壳类动物猎物。

漂泊信天翁

麦哲伦鹱燕

侏海雀群每天大约需要吃6万只小甲壳类动物。

侏海雀

北鲣鸟

鲣鸟在潜水时会关闭鼻孔以防止海水进入。

有些海鸟会从鼻孔排出海盐！

红腿三趾鸥在悬崖壁架上用泥土、草和海藻筑巢。

红腿三趾鸥

鸟多势众

登上陆地对海鸟来说是一个脆弱的时期。海鸟更适合在空中或水上生活，它们在坚实的地面上行动很笨拙。它们的雏鸟也面临着各种捕食性动物的威胁。这就是为什么有些海鸟物种会以群居筑巢的方式来加强保护自己的能力。

31

这种引人注目的鸟生活在森林里，吃蚱蜢和甲虫。

斑阔嘴鸟

两类鸟

栖木鸟可以被分为两类。一类是鸣禽，另一类是不善于鸣唱的鸟，后者主要生活在南半球的丛林中。

灰雀的嘴里有一个用来给它们的雏鸟携带食物的囊。

红腹灰雀

栖木鸟

栖木鸟也被称为雀形目鸟，它们占世界上鸟类的一半以上，主要是小型鸟类，大部分时间都在树木和灌木丛中生活。

这种鸟属于鸫科，主要在山区生活。

白喉带鹀

这种小鸟的叫声听起来像是在重复"加拿大"的英文单词。

这种引人注目的鸟有时会在电线杆上筑巢。

环颈鸫

剪尾王霸鹟

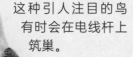

什么是栖木鸟？

这类鸟有4个有力量的脚趾，非常适合栖息或落在树枝上，它们中的许多种类也是为我们熟知的鸣禽。

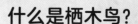

壮丽细尾鹩莺

这个物种的雄性有时会摘下黄色的花瓣送给雌性。

嘲鸫会模仿许多其他鸟类的叫声，甚至是鹰的叫声！

北方嘲鸫

在非繁殖季节，七彩文鸟会结群飞行，有的鸟群会有多达2000只鸟。

十彩文鸟

世界上超过一半的鸟类属于雀形目，其中的很多为我们熟知。

金黄鹂

黄鹂总是待在树梢上，很少出现在开阔地带。

随处可见

栖木鸟经常出现在我们周围，它们会来到我们的花园和公园。你今天看到它们了吗？

渡鸦

鸦属鸟是世界上体型最大的栖木鸟。

旅鸫属于鸫科。在美国许多州，它们的出现是春天的象征。

旅鸫

林柳莺

这种欧洲的鸟会在冬季迁徙到非洲。

不寻常的栖木鸟

并非所有的栖木鸟看起来都类似！有些栖木鸟很大，例如乌鸦，而有些栖木鸟根本不栖息在树上！还有些栖木鸟很漂亮，例如华丽琴鸟和彩虹色宝石般的七彩文鸟。

黑头林购鹩

华丽琴鸟

这种鸟非常善于模仿声音，甚至能模仿电锯的声音！

捕食性动物要小心！这种鸟的羽毛和皮肤都有毒。

33

鸟类的行为

鸟类与人类一样，也用各种行为来表达情绪、吸引配偶和保护自己。

　　鸟类有很多行为早已为人们所熟知，例如鸣叫、求偶和迁徙。每种鸟都有自己的独特的行为方式，甚至在近亲之间都不相同。但是它们这样做的原因是什么呢？这是令许多研究者以及观鸟者着迷的事情之一。人们通过观察鸟类的行为方式，研究这些行为形成的原因及意义。

大量椋鸟聚集成椋鸟群。

亚马逊伞鸟

欧亚云雀

棕额扇尾鹟

棕额扇尾鹟在日落后鸣叫以吸引配偶。

云雀能一口气鸣叫几分钟。

北美红雀的鸣声因地区而异。

鸟类是如何鸣叫的？

鸣禽能发出响亮的鸣叫声，而且它们的肺叶可以分别各自进行呼吸，因此它们鸣叫时不必停下来换气。

红腹灰雀

北美红雀

林柳莺

雄性灰雀可能非常引人注目，但是它们的鸣声却非常微弱。

河蝗莺

鸣禽小夜曲

鸣声对于鸟类识别自己的物种至关重要。雌性鸟类会被鸣声响亮而好听的雄性所吸引，因为这种鸣声是身体健康的标志。

鸣叫

鸟类的美妙鸣声是众所周知的。许多鸣禽是小型鸟类，它们用鸣声来标示它们的领地、吸引配偶或警告其他动物远离它们。

花尾榛鸡

这些鸟现在非常罕见，以至于年幼的雄鸟找不到任何成年雄鸟教它们鸣叫！

王吸蜜鸟

雪松太平鸟

学习鸣叫

许多鸟类生来就知道如何鸣叫，而有些鸟类的雏鸟必须通过聆听和模仿成鸟的鸣叫声，才能学会鸣叫。

这种神秘的鸟在茂密的矮树丛中竖起尾巴鸣叫。

红点颏

这种鸟俗称知更鸟，也是少数雌性鸣叫的鸟类之一。

欧亚鸲

北美金丝雀

大斑啄木鸟

独特的鸣声

每种鸣禽都有独特的鸣声。有些鸣禽的鸣声非常响亮，能传到几千米外，而有些鸣禽的鸣声则是微弱的、机械的。

一只雌性大极乐鸟会观看几只雄性大极乐鸟的求偶炫耀，看看谁最有吸引力。

世界上最华丽的求偶炫耀

在鸟类世界中，雄性大极乐鸟的求偶炫耀最壮观。它们垂下头，将优雅的尾羽直立，保持着这个姿势。

大极乐鸟

炫目的求偶炫耀

鸟类吸引配偶或警告对手远离的一种方式是炫耀，也就是将自己的羽毛张开，展示羽毛的华丽，做出引起对方注意的姿态。

雄性大极乐鸟的外表在不求偶炫耀时就已经很引人注目了。

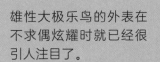

多只雄性大极乐鸟在求偶炫耀时嘈杂地挤在一起，等待雌鸟的到来。

更多酷炫的求偶炫耀

许多雄鸟长着专门用于求偶炫耀的特殊羽毛，这些羽毛很显眼，对雌鸟富有吸引力。

大鸨

雄性大鸨成群结队地聚集在平原上，张开它们的羽毛，与身边体形较小的雌性相比要大得多。

流苏鹬

雄性流苏鹬在求偶炫耀时展示它们令人惊叹的羽毛"围脖"，每只雄性都有独特的颜色图案。

蓝孔雀

雄性孔雀炫目的尾羽上大约有150个眼斑。

伪装

如果一只鸟的羽毛颜色能融入周围的环境中，那么饥饿的捕食性动物发现它的机会就会减少。很多雌鸟善于伪装，以保护自己的蛋和雏鸟。

雪地

极地、苔原和山区的雪地比比皆是。生活在这些地区的鸟类有白色的羽毛，使自己在雪景中不易被发现。

雪鸮的白色羽毛上点缀着棕色斑点，以使它们能在白雪皑皑的岩石上伪装。

漠角百灵生活在非洲和中东的最北部。

漠角百灵

雪 鸮

荒漠

荒漠鸟类在炎热的天气里不太活跃。为了安全起见，它们的羽毛颜色能让自己隐藏在沙子和岩石中。

湿 地

这种重要的栖息地充满生机，有助于保护附近的土地免受洪水侵袭。湿地鸟类的羽毛通常是棕色的，在芦苇和干草中不易被发现。

麻鳽的羽毛有条纹图案，使它们能很好地隐藏在芦苇丛中。

美洲麻鳽

鹟䴕坐在树枝上等待昆虫飞过，然后冲出去抓捕它们。

绿尾鹟䴕

森林和丛林

非绿色的鸟类也能在森林中伪装。躲在植物丛中的鸟只要保持静止不动，就很难被发现。

惊人的旅程

鸟类能够飞行这件事已经足够了不起，而有些鸟还会进行惊人的长途迁徙，有的迁徙之旅竟然绕过半个地球。更加令人震惊的是，有些轻巧的鸟类在长途飞行时几乎不进食。这是多么不可思议的体力啊！

大杜鹃

在返回非洲之前，雄性大杜鹃可能会在欧洲的繁殖地停留几个星期。

蓝歌鸲

这种平时躲避人类的歌鸲可能会在迁徙的路上探访花园。

欧 洲

亚 洲

非 洲

斑尾塍鹬

这种涉禽能不间断地飞行长达9天！

北
西北　　东北
西　　　　　东
西南　　东南
南

导 航

鸟类生来就知道何时迁徙去何地。它们用太阳、月亮和星星的方位以及河流和山脉等地标进行导航。

澳大利亚

鸟类为什么要迁徙?

鸟类迁徙是为了避免繁殖地区的冬季恶劣天气和食物短缺，因此全体飞到有很多食物的温暖地区。

许多小型鸟类在夜间迁徙，以避开捕食性动物。夜间也比较凉爽，风也常常比较小。

北美洲

大鸌

这种海鸟的迁徙路线在大西洋海域上空形成一个巨大的环路。

准备迁徙

鸟类准备迁徙时，身体会发生变化，它们的心脏和飞行肌肉变得越来越强壮，脂肪也增加，准备用来为飞行提供能量。

北美黄林莺从墨西哥湾迁徙到南美洲。

南美洲

图 标

大杜鹃

蓝歌鸲

斑尾塍鹬

北美黄林莺

大鸌

北美黄林莺

这种沉默的鸟用锋利的爪子攻击任何胆敢靠近它们家园的动物。

灰林鸮

银鸥发疯似地向入侵者发起俯冲，同时排泄粪便进行攻击，以此来保卫自己的家园。

银鸥

为什么要保卫领地？

鸟类保卫自己的领地，阻止其他鸟类前来觅食，以便自己和雏鸟都有足够的食物。它们还需要赶走进入它们领地的捕食性动物，通常是为了保护它们的蛋和雏鸟。

北扑翅䴕

鹤鸵的脚很大，其中一个脚趾上有匕首状爪甲。它们踢出的一脚力量之大，甚至能让一个人致命！

单垂鹤鸵

鸟类的防御

许多鸟类感觉受到天敌威胁的时候，都会试图赶走天敌。鸟类以各种方式保护自己。有些鸟类是好斗的，向入侵者俯冲或用喙和爪子攻击天敌。但有些鸟类则很狡猾，会假装受伤逃跑，引诱捕食性动物离开它们的雏鸟。

争夺食物

鸟类经常在喂鸟台争斗，通常是体型较大的物种占上风，但是一旦它们吃饱了，体型较小的物种就有机会进食。

冠蓝鸦能模仿鹰的声音将喂鸟台上的其他鸟类赶走！

冠蓝鸦

这种鸫属中的大鸟经常保护灌木中的浆果免受其他鸟类的侵害！

槲鸫

有效的策略

各种鸟类通常都有自己的战术策略来保护自己或雏鸟免受饥饿的捕食性动物的伤害。

褐鸦

一小群褐鸦齐心协力赶走大型捕食性动物。

草地鹨

草地鹨夸张地飞过你的头顶，引诱你远离它们的巢穴。

长耳鸮

在面临危险的情况下，长耳鸮会张开羽毛，使自己看起来很可怕。

夜 间

在夜间活跃的鸟类被称为夜行性鸟类，其中最为我们熟知的是猫头鹰，但也有其他鸟类，例如夜鹰也在夜间捕猎。如果没有碰见猫头鹰的话，夜间也是一些小型鸟类迁徙的好时机，因为很少有其他捕食性动物会在夜间攻击它们。

夜莺

雄性夜莺在夜间鸣叫，以吸引在上空飞行的雌性夜莺。

澳洲裸鼻鸱

白 天

夜间活动的鸟类白天通常躲在树上。它们能在捕食性动物面前安然入睡，因为它们的棕色羽毛是很好的伪装。

这种鸟从栖木上俯冲下来捕食夜行性昆虫。

夜间迁徙

许多鸟类在夜间迁徙。飞越凉爽平静的天空消耗的能量比较少。在晴朗的夜晚，鸟类还能利用星星导航。

白眉歌鸫

与候鸟不同的是，白眉歌鸫每年冬天很少返回同一地区。

田鸫不是夜行性鸟类，但是它们在春季和秋季的夜间迁徙。

田鸫

白额角鸮

人们对这种稀有的猫头鹰知之甚少，它们的森林家园正在逐渐被摧毁。

斑毛腿夜鹰

夜间适应性

许多夜行性鸟类具有令人惊叹的夜视能力，它们的大眼睛能捕捉很微弱的光。它们还能安静地飞行，并且用超强的听觉来寻找猎物。

夜鹰在地面上度过白天，在周围环境中不易被发现。

令人惊叹的景象

鸟类是迷人的动物，它们有时会成群结队地觅食、栖息或迁徙，形成观赏性很强的令人惊叹的宏大景象。

一群火烈鸟被称为"flamboyance"，意为"华丽"。

火烈鸟群

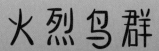

高大优雅的火烈鸟一生都在咸水湿地中成群结队地生活。在河口湾观看数量庞大的火烈鸟群，会令人终生难忘！

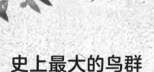

史上最大的鸟群

旅鸽曾经是数量最多的鸟类，它们成群结队地在北美东部迁徙，规模如此之大，以至于从旅鸽群的第一只旅鸽飞过到最后一只旅鸽飞过需要几天的时间。尽管旅鸽数量众多，但是它们在20世纪初被灭绝，其主要原因是过度捕猎。

鸟类的栖息地

能够让鸟类安家的栖息地有许多种类，这些栖息地为鸟类生存和抚养后代提供了足够的食物。

鸟类已经适应了地球上的大部分地区，它们的栖息地有森林、海岸、荒漠、城市，甚至还有地下！有些鸟类非常挑剔，只能生活在一种栖息地中，而有些鸟类则有着广泛的适应性，能在不止一种栖息地中生存。

对于这些牡蛎捕手来说，沙质海岸和沿海湿地提供了大量掩盖在松软土地下的食物。

潮湿的山区森林是这种食虫鸟类的家园。

长嘴裂雀

棕背蚁鹃

阔嘴鹭的体型虽然小，但是经常能抓到小猴子。

阔嘴鹭

长嘴裂雀有时会成对地在树上觅食。

绒额鸼用力拍打翅膀，将藏在树皮下的昆虫赶出来。

绒额鸼

热带森林

世界上热带森林覆盖的面积比任何其他种类的森林都大。难怪有这么多鸟类生活在热带森林里！

八色鸫是一种神秘的热带森林鸟，很罕见。

淡黄冠栗啄木鸟

在这种啄木鸟栖息的热带森林家园里有很多蚂蚁，它们是这种啄木鸟最喜欢的食物。

美丽八色鸫

森林中的生活

生活在森林里的鸟类通常很吵闹。尽管有些鸟类的毛色鲜艳，但是隐藏在树叶中也难以被发现。世界上有不同种类的森林，鸟类以不同的方式适应每种森林。

这种啄木鸟经常在森林
地面上觅食，而不仅仅
是在树干上觅食。

北扑翅䴕

温带森林有丰富的食物，
这就是为什么这种小鸟从
不远离它们的出生地。

黑白森莺在树干和
树枝上寻找食物。

白喉短嘴旋
木雀

黑白森莺

白脸鸦

这种鸟实行一夫一妻制。它们居
住在树洞中，会在入口周围涂抹
昆虫残骸，以防止松鼠进入。

白胸鸦

温带森林

温带森林生长在较暖和的
地区，其中的许多鸟类在天气
变冷时向南迁徙。

北美鸺鹠的体型小，它
们是曙暮性动物，喜欢
捕食小型鸟类。

北美鸺鹠

这种属于鸦科的鸟
在覆盖着地衣的树
枝背面觅食。

灰喉地莺

北方森林

这些广阔的森林覆盖地球
的北部寒冷地区，靠近北极，
它们是许多鸟类的家园，包括
繁殖期的涉禽，其中一些鸟类
在树上筑巢。

褐喉旋木雀

这种躲避人类的
鸣禽在茂密的植
被中觅食。

这种鸟最近被认为是
一个新物种。

企鹅的黑白色被称为反影伪装。这种伪装使企鹅在游泳时比较难被上方和下方的动物看见。企鹅以此躲避捕食性动物和悄悄接近猎物。

冰冷的家

南极洲是地球上最寒冷的地方，生活在这片冰冷大陆上的生物已经适应了这里的恶劣条件。帽带企鹅是能够在这种极端气候下繁衍生息的鸟类之一。

筑 巢

不同种类的企鹅有不同的筑巢习性。帽带企鹅用一堆石头建造非常简单的巢。

雄性和雌性帽带企鹅轮流孵它们的两个蛋。

有时两只雄性帽带企鹅也会结对，并且试图抚养企鹅幼崽。

帽带企鹅每天都会游到离岸80千米的地方捕食鱼类。

气候变化

自19世纪以来，由于人类的活动，地球的大气层一直在缓慢变暖，导致世界各地的气候发生变化，也包括南极洲在内。大面积的冰正在融化，使企鹅比较难找到能筑巢的地方。

熬过寒风

帽带企鹅有一层厚厚的不透水羽衣和海兽脂，有助于防水和保暖。它们的翅膀和腿上也有特殊的血管，有助于保持体内的热量。

企鹅幼崽

出生后的帽带企鹅幼崽在巢中待大约一个月，然后与其他帽带企鹅幼崽一起加入一个叫做"托儿所"的大团体。

企鹅幼崽圆鼓鼓、毛茸茸的，绒羽有助于保暖。

企鹅幼崽大约两个月大的时候就会换羽，也就是脱落绒羽，长出成年羽毛，然后就能下海了。

这种捕食性动物经常四处寻找洞穴，捕食隐藏在里面的鸟。

非洲猎鹰

捕食性动物

鸟类在地下并不总是安全的。有些较小的捕食性动物，例如蛇和黄鼠狼，会寻找鸟巢，并且袭击鸟巢，吃掉里面的蛋或雏鸟。

簇海鹦能自己挖洞穴筑巢，或者在岩石峭壁上的天然洞穴中筑巢。

簇海鹦

地下的生活

任何鸟都不会在地下度过一生，但是有几种鸟确实在地下筑巢。有些鸟自己挖洞穴筑巢，而有些鸟则利用天然洞穴或其他动物的废弃洞穴。

穴小鸮

这种猫头鹰喜欢开阔的环境，因此它们有时会移居到机场的草地中！

为什么要在洞穴里筑巢？

洞穴对雏鸟来说是安全的地方，使它们能抵御寒冷的天气和躲避捕食性动物。

挖洞

有些动物，例如爬行动物和哺乳动物，有灵活的爪子，因此挖掘对它们来说很容易。而鸟类只能用它们的嘴和脚，因此挖掘是一项艰巨的工作！

南红蜂虎

这种迷人的鸟在竖直的泥壁上挖出长长的洞穴。

借洞

挖洞对鸟类来说是一项艰苦的工作，而且可能会导致它们受伤。由于这些原因，鸟类有时会利用其他动物挖掘的废弃洞穴。

白眉山雀

这种栖木鸟有时会在啮齿动物的废弃洞穴中抚养雏鸟。

蟹鸻

蟹鸻雏鸟会待在安全舒适的洞穴里，直到能够自己走动。

蟹鸻的洞穴

蟹鸻是唯一的穴居涉禽。它们洞穴里的温度是孵蛋的理想温度，因此它们能离开蛋，出去寻找食物。

白草雁

这种属于鸭科的动物只吃海带，也就是一种海藻。

姬燕鸥

海岸是这种小燕鸥的群居筑巢区，因此对它们非常重要。

岸 边

这种栖息地是很多沿海鸟类的重要食物来源地和筑巢地。

岩鹭

这种属于鹭科的鸟有时会在海岸的水中晃动它们的脚趾来吸引鱼类。

岸边的生活

海岸可能是非常繁忙的地方，多种鸟类充分利用这里的丰富食物资源。有些鸟类涉水或潜水觅食，而有些鸟类则搜寻在沙子和石头下的食物。

红胸鸻经常在离海岸数千米的干燥草原上筑巢，但是它们去海岸边觅食。

雌性石鹨用海藻和草筑巢。

红胸鸻

石 鹨

笛鸻在北美的海滩上筑巢，很容易受到人类活动的干扰。

笛鸻

受到威胁的海岸线

地球上有长长的海岸线，这对鸟类很重要。但不幸的是，许多海岸线栖息地现在已经被污染或被破坏。

涉禽的长喙有助于它们探寻躲在深穴中的虾和螃蟹。

虽然美洲反嘴鹬是涉禽，但是它们的脚有一些蹼，因此非常善于游泳。

美洲反嘴鹬

长嘴杓鹬

雄性长嘴杓鹬的体型比雌性小，通常花很多的时间抚养它们的雏鸟。

弯嘴鸻

弯嘴鸻用独特的向右弯曲的喙撬出石头下的猎物。

吃什么？

健康的海岸有无数甲壳类动物、蠕虫状动物和其他无脊椎动物，为鸟类提供了丰富的食物来源。

荒漠幸存者

荒漠鸟类与众不同，它们的身体已经变得非常专门化，适应了缺水和高温的环境。花头沙鸡是一种已经学会在极端荒漠条件下生活的鸟类。

花头沙鸡避开有大量植物的区域，这是因为那里很可能是捕食性动物潜伏和狩猎的区域。

世界上有16种沙鸡，但是只有花头沙鸡生活在恶劣的荒漠栖息地。

沙鸡科

没有人真正确定哪些鸟类是沙鸡最近的近亲。科学家曾经在不同的时期试图将沙鸡归入雉科、鸠鸽科或鸻科，然而沙鸡仍然是一个谜。现在，科学家将各种沙鸡归类为单独的沙鸡科。

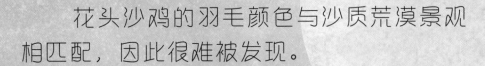

花头沙鸡的羽毛颜色与沙质荒漠景观相匹配，因此很难被发现。

日 间

在白天炽热的荒漠阳光下，一群花头沙鸡正在悄悄地寻找种子。可能会有多达100只花头沙鸡聚成一群。

雄性花头沙鸡的腹部羽毛已经变得具有特殊用途，能够吸收并保持大量的水。

给小鸡喝水

雄性花头沙鸡去水坑时，会用腹部的羽毛吸水，然后飞回它们的小鸡身边，让小鸡啜饮羽毛中的水。

人工鸟巢非常适合城市鸟类。对于数目正在减少的鸟类物种，例如紫崖燕，人工鸟巢甚至能帮助恢复它们的数量。

紫崖燕

在城市里的家

在市区，有些鸟类能找到与它们的自然栖息地相似的地点。平坦的砂砾屋顶对海鸥来说就像海岸线，摩天大楼对游隼来说就像悬崖。

这种涉禽已经习惯于在埃及开罗等城市的平屋顶上筑巢。

城市的生活

城市里有很多人，但是鸟类仍然能在那里生活。它们在城市里分散的林地、湖泊、河流、公园和草地安家，甚至在建筑物上安家。

小石鸻

鹊鹦是非常喜欢群居
和互相交流的鸟类，
但是它们的尖锐
叫声让它们的
人类邻居非
常恼火！

更容易接近

我们通常比较容易接近生活在城镇的
鸟类，这是因为它们已经习惯了人类的存
在，而乡下的鸟类比较怕生，见人就躲。

美洲凤头山雀

鹊 鹦

美洲凤头山雀体型小，也很
好奇，它们有时会停在窗台
上观看房间内的风景！

你知道吗？

大约20%的鸟类能够生活
在城市里。由于我们城市里有
多种多样的栖息地，许多鸟类
都能在其中找到地方安家。

波哥大秧鸡

观赏这种濒危的水鸟的最
佳地点是哥伦比亚波哥大
市的沼泽地区。

双筒望远镜是观鸟者的重要工具，使观鸟者能观察鸟类的详细形态。

鸟类与我

鸟类是奇妙的动物。它们就在我们身边，很容易看到，观赏鸟类能丰富我们的生活。

自从人类在地球上出现，鸟类就频频出现在人类的历史、文化和民间传说中。它们的羽毛、鸣声和飞行能力让我们着迷。然而，鸟类与人类之间并不总是处于关系良好的状态，这是因为我们猎杀了许多鸟类，导致了一些鸟类物种的灭绝。我们应该了解鸟类并且保护它们的生活方式，这在现在比以往任何时候都更重要。

鸟类与人类

鸟类是自由的象征，但是人类一直在想方设法驯化它们。在世界各地，鸟类在人们的生活中扮演着重要的角色。

红原鸡

家禽

几千年来，人类一直在驯化鸟类。有些鸟类，例如鸡，被作为食物来源。许多鸟类宠物因它们的鸣叫技能或模仿我们说话的能力而受到喜爱。而有些鸟类，例如孔雀，作为观赏性动物被允许自由漫游。

鸡是非常聪明的鸟类，它们有很好的记忆力。

家鸡

红原鸡源于亚洲，是家鸡的祖先。

工作的鸟类

几个世纪以来，人类以各种方式训练鸟类为人类工作，例如传递信息、捕鱼，甚至控制其他鸟类的数量。

栗翅鹰

栗翅鹰被用来赶走机场跑道上和城市中心的鸽子。

信 鸽

鸽子经常在战争中被用来越过敌军封锁线传递信息。

斑头鸬鹚

数百年来，人们一直驯养鸬鹚来捕鱼。

宠物鸟

我们饲养各种鸟作为宠物，包括金丝雀、燕雀、鹦鹉和猫头鹰。它们通常一生都生活在鸟笼或鸟舍里。

非洲灰鹦鹉

鹦鹉是很受欢迎的宠物，这是因为它们有色彩斑斓的羽毛和模仿人类说话的能力。

植物的传粉媒介

有些鸟类以植物的花蜜为食，因此，它们飞到大量的花朵上，吸吮花蜜的同时帮助植物传播花粉，使植物结出种子。传播花粉的动物被称为传粉媒介。

北部玫瑰鹦鹉

须蜂鸟

蜂鸟能在一天内吸吮与它们的体重等量的花蜜。

播 种

许多鸟类吃含有种子的水果和坚果。种子经过鸟类的消化系统，然后通过粪便排出，可能会长成新的植物，例如果树。

红喉北蜂鸟

清 洁

有些鸟类是食腐动物，它们吃已经死去的动物。食腐动物通过吃掉可能会传播疾病的动物尸体来清理环境保持生态系统的稳定。

白头秃鹫

鸟类与地球

秃鹫是食腐动物，它们利用敏锐的视力从空中寻找死去的动物。

控制虫害

吃昆虫的鸟类能帮助人类消灭害虫。如果没有这些鸟类，田地里的庄稼就有可能遭受虫害。

白喉蜂虎

帮助珊瑚礁

海鸟在飞行时排泄粪便。鸟粪都含氮，而海洋中的藻类需要氮才能生长。有些珊瑚礁附近有海鸟，而生活在其中的以藻类为食的鱼类比附近没有海鸟的珊瑚礁中的鱼类长得更快更大。

红脚鲣鸟

合 作

有些动物能互相帮助。这种伙伴关系被称为"共生"。响蜜䴕告诉蜜獾哪里有蜂巢，蜜獾就会去吃蜂巢里的蜂蜜，而响蜜䴕则吃剩下的蜜蜂尸体。

黑喉响蜜䴕

鸟类以各种方式与植物和其他动物相互影响。如果没有这些出色的鸟类，就不会有像今天这样的地球。

濒危的鸟类

鸟类对人类的行为非常敏感。随着人口的增长，鸟类面临越来越多的威胁，其中栖息地的丧失最为严重。许多鸟类物种需要紧急帮助，否则我们将永远失去它们。

勺嘴鹬

圈养的勺嘴鹬已经按计划被释放到野外，以增加这种濒临灭绝的涉禽的数量。

人们被禁止猎杀这种小鸟，所以它们的数量又开始增加了。

保 护

世界各地的人们都在通过各种努力来保护鸟类，其中包括建立使鸟类能够繁衍生息的自然保护区，要求猎人不要猎杀面临生存威胁的鸟类物种，等等。

黄胸鹀

这种美丽的鹦鹉由于森林砍伐已经在野外灭绝，现在只存在于圈养中。

斯比克斯金刚鹦鹉

由于气候变化，帝企鹅赖以生存的冰冷的南极栖息地正在慢慢变暖。

帝企鹅

受到威胁

许多鸟类正面临灭绝的威胁。造成这种情况有多种原因，包括栖息地丧失、气候变化、野鸟贸易和过度捕猎。人类需要改变与自然界的关系，以帮助这些鸟类生存。

野外只剩下大约300只长冠八哥。许多长冠八哥被非法捕捉，并且作为宠物出售。

长冠八哥

欧斑鸠

这种鸟在迁徙过程中被猎人射杀，现在它们已濒临灭绝。

71

帮助鸟类

帮助你周围的鸟类是一件很容易实行的事情。你可以为它们提供食物或安全的巢。这不仅对鸟类有益处，还让你有机会每天近距离观察这些美丽的动物。

不同类型的鸟食会吸引不同种类的鸟。

鸟舍非常适合在洞穴中筑巢的鸟类。

坚果和种子吸引吃种子的鸟类，而被填满板油的松果则吸引吃虫的鸟类。

建造鸟舍

请一位成年人帮助你建造一个鸟舍。确保鸟舍是防水的，并且使用天然材料和颜色。鸟舍的入口不能被阳光直射，因为阳光直射可能会使里面的温度对鸟类来说太高。

制作喂鸟器

你可以用旧牛奶盒或果汁纸盒制作简单的喂鸟器。在盒子的侧面剪孔，并且将种子、坚果、粉虱或板油放入喂鸟器。一定要将喂鸟器挂在高处，使猫够不到吃食的鸟！

蜂鸟喜欢糖水。你可以将4杯水和1杯糖混合，来制作糖水。

有许多不同风格的窗户贴花可以防止鸟类撞上玻璃。条纹、方格和猛禽图案的贴花都是很受欢迎的选择。

窗户贴花

鸟类为了保持健康，需要喝水和洗澡。

修建鸟浴池

用砖块支撑一只浅盘，浅盘的深度不超过2.5厘米。你也可以用倒置的垃圾箱盖。将浅盘安放在空旷的地方，这样使用它的鸟类就能看见是否有天敌接近。一定要定期清理浅盘并补充水。

防止鸟撞窗户

窗户撞击每年导致无数只鸟死亡。你可以在窗户上粘贴"贴花"，也就是一种特殊的贴纸，来防止这种情况发生。贴花可以避免鸟类试图穿过玻璃。

观鸟

鸟类无处不在。如果你睁大眼睛观察，侧耳倾听，你就会在附近发现许多种鸟。因为这些鸟已经习惯了人类，所以在市区通常很容易看到它们。看看你的窗外，你看到了什么鸟？

毛脚燕

在欧洲、北非和亚洲北部，毛脚燕有时会在屋檐下筑巢。

寻找观鸟地

去附近的绿地观鸟。经常去看看，在不同的时间看，你迟早会发现在当地觅食和筑巢的所有种类的鸟类。

找到离你最近的池塘、湖泊、河流或沟渠，看看你能发现哪些水鸟。

游隼经常栖息在高楼的沿边上。世界上许多国家都有游隼。

游隼

虽然红色或粉红色的栖木鸟很鲜艳，但是很难在棕色树枝上发现它们。你需要花些时间仔细观察。

在东亚，你可能会在公园和花园的灌木丛中看见一只杂色山雀。

杂色山雀

拍摄鸟类

拍照片是对当地鸟类进行分类的好方法。你可以用手机或照相机进行拍摄。多多练习，你很快就会拍出完美的照片！

当你观察鸟类时，你会发现它们的习性和行为，以及其他迷人之处。

如何成为一名观鸟者？

开始进行观鸟探险很容易！带上一副双筒望远镜，这样你就可以从远处观察鸟类而不会打扰它们。你可以用手机或笔记本记录你的发现。不要忘记穿上雨衣和结实的鞋，以防下雨。

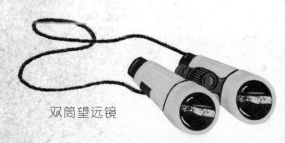

双筒望远镜

笔记本和笔

雨衣和结实的鞋

手机

术语表

（以下词义只限于本书的内容范围）

适应
动物或植物随着时间逐渐发生变化，以帮助自己在栖息地中生存。

喙
鸟类的嘴。

鸟
恒温动物，有脊椎、喙和羽毛。

伪装
身体上拥有使自己在周围环境中不易被发现的颜色、图案或形状。

食肉动物
吃肉的动物。

气候变化
地球温度和天气模式的长期变化，可能是自然的，也可能是由人类活动引起的，例如环境污染。

保护
对环境和野生动物的保护。

曙暮性的
主要是在黎明和黄昏时期活跃的（动物）。

砍伐森林
大量砍伐森林或林地中的树木。

驯化的
作为宠物或在农庄饲养的（动物）。

绒羽
生长在外层羽毛下面的柔软蓬松的纤细羽毛，有保温、护体等作用。

濒危的
面临灭绝危险的（动物或植物物种）。

进化
种群里的遗传性状在世代之间的变化。

已灭绝的
一种动物或植物物种的所有成员全部死亡的状况。

觅食
动物寻找食物。

栖息地
动物或植物物种种群生活和生长的自然环境。

孵 化

使蛋保持温暖，直到动物在蛋内完成胚胎发育后破壳而出的过程。

无脊椎动物

身体内部没有脊椎骨的动物，例如昆虫或甲壳类动物。

迁 徙

鸟类季节性或周期性地迁移到不同地区的行为。

换 羽

鸟类脱落羽毛并且长出新羽毛的现象。

本土的

在某个地区的自然环境中生长的，而不是引入的（物种）。

夜行性的

主要是在夜间活动的（动物）。

杂食动物

既吃植物又吃肉类，甚至菌类、蜂蜜等其他食物的动物。

鸟 羽

鸟的羽毛的统称。

花 粉

开花植物产生的微小孢子堆。

捕食性动物

猎食其他动物的动物。

猎 物

被其他动物猎食的动物。

食腐动物

吃死动物遗骸的动物。

物 种

一群具有共同特征的，能够一起繁殖以产生后代的动物或植物。

共 生

两种不同生物之间所形成的紧密互利关系。

领 地

动物认为是自己的并且防止其他动物入侵的区域。

城市的

与城市或大城镇相关的。

中英词汇对照表

注：以下英中对照的词义只限于本书的内容范围。

英　文	中　文	英　文	中　文
ability	能力	Australia	澳大利亚
action	行为	Australian gannet	澳洲鲣鸟
activity	活动	Australian owlet-nightjar	澳洲裸鼻鸱
adaptation	适应性	autumn	秋季
adventure	探险	aviary	鸟舍
Africa	非洲	background	背景
African grey parrot	非洲灰鹦鹉	balance	平衡
African harrier-hawk	非洲猎鹰	bald eagle	白头海雕
African palm swift	非洲棕雨燕	bali starling	长冠八哥
African pygmy goose	厚嘴棉凫	banded broadbill	斑阔嘴鸟
air	空中，空气	barb	倒钩
algae	藻类	bar-tailed godwit	斑尾塍鹬
Amazonian umbrellabird	亚马逊伞鸟	bat	蝙蝠
		bateleur	短尾雕
American avocets	美洲反嘴鹬	bearded mountaineer	须蜂鸟
American bittern	美洲麻鳽	bee	蜜蜂
American goldfinch	北美金丝雀	bee hummingbird	吸蜜蜂鸟
American robin	旅鸫	beetle	甲虫
ancestor	祖先	behaviour	行为
animal	动物	beishanlong grandis	北山龙
ant	蚂蚁	benefit	益处
Antarctica	南极洲	berry	浆果
archaeopteryx	始祖鸟	bill	喙
architect	建筑师	binoculars	双筒望远镜
Arctic	北极（地区）	bird	鸟
area	地区，区域	bird feed	鸟食
Asia	亚洲	bird feeder	喂鸟器
Atlantic puffin	北极海鹦	bird of prey	猛禽
atmosphere	大气层	birdhouse	鸟巢
auk	海雀	birding	观鸟
austral parakeet	南方锥尾鹦鹉	bittern	麻鳽

英 文	中 文
black wheatear	白尾黑鹏
black-and-white warbler	黑白森莺
black-bellied whistling duck	黑腹树鸭
black-headed gull	红嘴鸥
blond-crested wood-pecker	淡黄冠栗啄木鸟
blood vessel	血管
blubber	海兽脂
blue jay	冠蓝鸦
body	身体
body weight	体重
bogotá rail	波哥大秧鸡
bone	骨头
boreal forest	北方森林
bowerbird	园丁鸟
brain	大脑
branch	分支，树枝
brown jay	褐鸦
building	建筑物
bullfinch	灰雀
burrow	洞
burrowing owl	穴小鸮
bush	灌木
cage	笼
California condor	加州兀鹫
California quail	珠颈翎鹑
camera	照相机
camouflage	伪装
Canada	加拿大
Canada goose	加拿大黑雁
canal	沟渠
canary	金丝雀
captivity	圈养
caspian plover	红胸鸻

英 文	中 文
cassowary	鹤鸵
caucasian grouse	高加索黑琴鸡
cave	洞穴
cedar waxwing	雪松太平鸟
chamber	室
chance	机会
change	变化
characteristics	特征
chick	雏鸟
chicken	鸡
China	中国
chinstrap penguin	帽带企鹅
choice	选择
city	城市
claw	爪子
cliff	悬崖
climate	气候
climate change	气候变化
close relative	近亲
coast	岸
cockerel	公鸡
colony	群
colour	颜色
common chaffinch	苍头燕雀
common cuckoo	大杜鹃
common eider	欧绒鸭
common kestrel	红隼
common nightingale	夜莺
common ostrich	非洲鸵鸟
common quail	西鹌鹑
common raven	渡鸦
common tern	北极燕鸥
comparison	比较
concrete	混凝土
condition	条件

英 文	中 文
condor	兀鹫
confuciusornis	孔子鸟
Congo peafowl	刚果孔雀
Connecticut warbler	灰喉地莺
control	控制
corel reef	珊瑚礁
cormorant	鸬鹚
countershading	反影伪装
crab	螃蟹
crab-plover	蟹鸻
creature	生物，（特指）动物
crèche	托儿所
crop	庄稼
crowned sandgrouse	花头沙鸡
crustacean	甲壳类动物
culture	文化
curlew	杓鹬
danger	危险
day	白天
daytime	日间
decal	贴花
defence	防御
deforestation	森林砍伐
desert	荒漠
desert lark	漠百灵
dexterity	灵活
diet	饮食
dinosaur	恐龙
dipper	河乌
direction	方向
discovery	发现
disease	疾病
display	炫耀
distance	距离
distant relative	远亲

英 文	中 文
diversity	多样性
dodo	渡渡鸟
domestic bird	家禽
domestic chicken	家鸡
down	绒羽
downside	坏处
dropping	粪
duck	鸭
dustbin	垃圾箱
eagle	鹰
Earth	地球
eastern bluebonnet	蓝盖鹦鹉
eastern Europe	东欧
eastern screech owl	东美角鸮
eave	屋檐
ecosystem	生态系统
edge	边缘
edible-nest swiftlet	爪哇金丝燕
egg	蛋
emperor penguin	帝企鹅
emu	鸸鹋
enemy	天敌
energy	能量
entrance	入口
environment	环境
estuary	河口湾
Eurasian bullfinch	红腹灰雀
Eurasian curlew	白腰杓鹬
Eurasian golden oriole	金黄鹂
Eurasian skylark	欧亚云雀
Eurasian sparrow hawk	雀鹰
Europe	欧洲
European herring gull	银鸥
European robin	欧亚鸲
European turtle dove	欧斑鸠

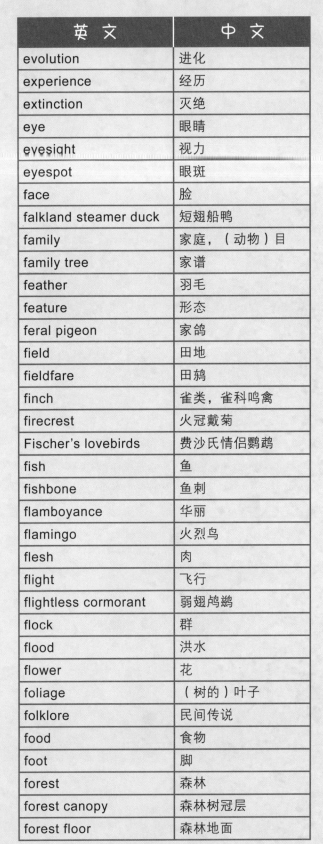

英 文	中 文	英 文	中 文
evolution	进化	forest understory	森林林下层
experience	经历	fossil	化石
extinction	灭绝	freedom	自由
eye	眼睛	fresh water	淡水
eyesight	视力	fruit	果实
eyespot	眼斑	game bird	猎物鸟
face	脸	gannet	鲣鸟
falkland steamer duck	短翅船鸭	gentoo	巴布亚企鹅
family	家庭，（动物）目	giant coot	大骨顶
family tree	家谱	godwit	塍鹬
feather	羽毛	golden conure	金黄锥尾鹦鹉
feature	形态	golden eagle	金雕
feral pigeon	家鸽	goosander	普通秋沙鸭
field	田地	Gouldian finch	七彩文鸟
fieldfare	田鸫	grass	草
finch	雀类，雀科鸣禽	grasshopper	蚱蜢
firecrest	火冠戴菊	grassland	草原
Fischer's lovebirds	费沙氏情侣鹦鹉	gravel	砂砾
fish	鱼	great auk	大海雀
fishbone	鱼刺	great bowerbird	大亭鸟
flamboyance	华丽	great bustard	大鸨
flamingo	火烈鸟	great northern diver	普通潜鸟
flesh	肉	great shearwater	大鹱
flight	飞行	great spotted kiwi	大斑几维鸟
flightless cormorant	弱翅鸬鹚	great spotted wood-pecker	大斑啄木鸟
flock	群	greater bird-of-paradise	大极乐鸟
flood	洪水		
flower	花	greater honeyguide	黑喉响蜜䴕
foliage	（树的）叶子	grebe	䴙䴘
folklore	民间传说	green rosella	绿草玫瑰鹦鹉
food	食物	green-tailed jacamar	绿尾鹟䴕
foot	脚	ground	地面
forest	森林	group	群
forest canopy	森林树冠层	grub	蛆虫
forest floor	森林地面		

英 文	中 文	英 文	中 文
guineafowl	珠鸡	invertebrate	无脊椎动物
gull	海鸥	island	岛屿
habitat	栖息地	jacamar	鹟鴷
hadada ibis	噪鹮	Japanese cormorant	斑头鸬鹚
Harris's hawk	栗翅鹰	jeholornis	热河鸟
hawfinch	锡嘴雀	jixiangorni	吉祥鸟
hawk	鹰	journey	旅程
hazel grouse	花尾榛鸡	jungle	丛林
head	头，头部	junín grebe	秘鲁鹏鹈
health	健康	kakapo	鸮面鹦鹉
heart	心脏	kea	啄羊鹦鹉
heat	热量	kelp	海带
helmeted guinea fowl	盔珠鸡	kelp goose	白草雁
hemisphere	南半球	kentish plover	环颈鸻
hen	母鸡	kiwi	几维鸟
heron	鹭	lake	湖泊
hoatzin	麝雉	land	土地
hole	洞	landmark	地标
honey	蜂蜜	landscape	风景，景观
honey badger	蜜獾	lappet-faced vulture	肉垂秃鹫
honey guide	响蜜鴷	leaf	叶
hooded pitohui	黑头林鵙鹟	least tern	姬燕鸥
horse	马	ledge	沿边
house	房子	leg	腿
house martin	毛脚燕	length	长度
human	人类	lesser flamingo	小红鹳
hummingbird	蜂鸟	lesser kestrel	黄爪隼
hunter	猎人	lichen	地衣
hunting bird	猎鸟	lifespan	寿命
ice	冰	light	光
Indian peafowl	蓝孔雀	little auk	侏海雀
injury	受伤	little egret	小白鹭
insect	昆虫	little owl	纵纹腹小鸮
intelligence	聪明	long-billed curlew	长嘴杓鹬
intruder	入侵者		

英 文	中 文
long-billed woodcreeper	长嘴䴕雀
long-eared owl	长耳鸮
long-tailed widowbird	长尾巧织雀
loop	环
macaroni penguin	马可罗尼企鹅
macaw	金刚鹦鹉
magellanic diving-petrel	麦哲伦鹈燕
magpie-lark	鹊鹩
Major Mitchell's cockatoo	米切氏凤头鹦鹉
mallard	绿头鸭
mammal	哺乳动物
manx shearwater	大西洋鹱
marvelous spatuletail	叉扇尾蜂鸟
mate	伴侣，配偶
material	材料
meadow pipit	草地鹨
mealworm	粉虫
meat	肉
memory	记忆力
messenger pigeon	信鸽
meteorite	陨石
microraptor	小盗龙
Middle East	中东
migrating bird	候鸟
migration	迁徙
mistle thrush	槲鸫
mockingbird	嘲鸫
monk parakeet	和尚鹦鹉
monkey	猴子
montezuma oropendolas	褐拟椋鸟
montezuma quail	彩鹑

英 文	中 文
Moon	月亮
mountain	山
mouth	嘴
mud	泥
mugimaki flycatcher	鸲姬鹟
murmuration	椋鸟群
muscle	肌肉
mute swan	疣鼻天鹅
natural talent	天赋
nature	大自然
navigation	导航
necklace	项链
nectar	花蜜
neighbour	邻居
neighbourhood	附近
nest	巢
night	晚上，夜间
night parrot	夜鹦鹉
night vision	夜视力
nightjar	夜鹰
nitrogen	氮
nocturnal bird	夜行性鸟类
North America	北美洲
northern cardinal	北美红雀
northern cassowary	单垂鹤鸵
northern flicker	北扑翅䴕
northern gannet	北鲣鸟
northern goshawk	苍鹰
northern mockingbird	北方嘲鸫
northern rosella	北部玫瑰鹦鹉
northern shoveler	琵嘴鸭
nostril	鼻孔
nut	坚果
ocean	海洋
omnivore	杂食动物

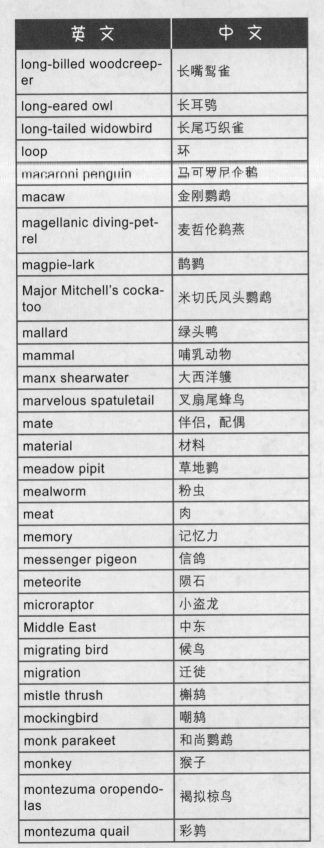

英 文	中 文	英 文	中 文
opportunity	机会	pond	池塘
ostrich	鸵鸟	poo	粪
overfishing	过度捕捞	population	种群，人口
overhunting	过度捕猎	position	位置
owl	猫头鹰	pouch	囊
Pacific reef heron	岩鹭	predator	捕食性动物
park	公园	prey	猎物
parrot	鹦鹉	protection	保护
partnership	伙伴关系	puffin	海鹦
passenger pigeon	旅鸽	purple martin	紫崖燕
passerine	雀形目鸟类	pygmy owl	北美鸺鹠
pattern	图案，模式	quail	鹌鹑
paw	爪子	rainbow lorikeet	虹彩吸蜜鹦鹉
peacock	雄性孔雀	raincoat	雨衣
peafowl	孔雀	raven	鸦
penguin	企鹅	reason	原因
perch	栖木	red grouse	红松鸡
perching bird	栖木鸟类	red junglefowl	红原鸡
peregrine falcon	游隼	red-and-green macaw	红绿金刚鹦鹉
pest	害虫	red-footed booby	红脚鲣鸟
pet	宠物	red-legged kittiwake	红腿三趾鸥
petal	花瓣	red-legged partridge	红腿鹧鸪
pheasant	野鸡	red-shouldered hawk	赤肩鵟
philippine eagle	食猿雕	red-tailed black cocka-too	红尾黑凤头鹦鹉
pigeon	鸽		
pine cone	松果	redwing	白眉歌鸫
piping plover	笛鸻	reed	芦苇
place	地方	Reeves's pheasant	白冠长尾雉
plain	平原	reflection	反射
plant	植物	regent honeyeater	王吸蜜鸟
plastic	塑料	region	地区
plumage	羽毛	relationship	关系
pollen	花粉	relative	亲戚，亲属
pollinator	传粉媒介	reptile	爬行动物
pollution	污染	rhinoceros auklet	角嘴海雀

英 文	中 文
ring ouzel	环颈鸫
ring-necked pheasant	雉鸡
risk	危险
rival	对手
river	河，河流
river warbler	河蟋莺
roadside hawk	阔嘴鵟
robin	知更鸟
rock	岩石
rock pipit	石鹨
rocky cliff	岩石峭壁
rodents	啮齿动物
roof	屋顶
route	路线
ruby-throated hummingbird	红喉北蜂鸟
rudder	方向舵
ruff	流苏鹬
rufous fantail	棕额扇尾鹟
rufous-backed antvireo	棕背蚁鹃
safe	安全
saliva	唾液
salt water	咸水
sand	沙子
sandgrouse	沙鸡
scarlet ibis	美洲红鹮
scavenger	食腐动物
scientist	科学家
scissor-tailed flycatcher	剪尾王霸鹟
sea	海
seabird	海鸟
seafood	海鲜
seawater	海水
seaweed	海藻

英 文	中 文
secretary bird	蛇鹫
seed	种子
senegal thick-knee	小石鸻
sense	感官
shape	形状
shell	壳
shellfish	贝类
shoebill	鲸头鹳
shore	海岸
shorebird	海滨鸟
shoreline	海岸线
shortage	短缺
short-toed snake eagle	短趾雕
shrimp	虾
shrubbery	灌木丛
Siberian blue robin	蓝歌鸲
Siberian rubythroat	红点颏
sight	景象
sikkim treecreeper	褐喉旋木雀
similarity	相似性
skeleton	骨骼
skill	技能
skin	皮肤
sky	天空
skylark	云雀
skyscraper	摩天大楼
slavonian grebe	角䴘
snail	蜗牛
snail kite	蜗鸢
snake	蛇
snow	雪
snowy owl	雪鸮
sociable weaver	群居织巢鸟
songbird	鸣禽
sooty shearwater	灰鹱

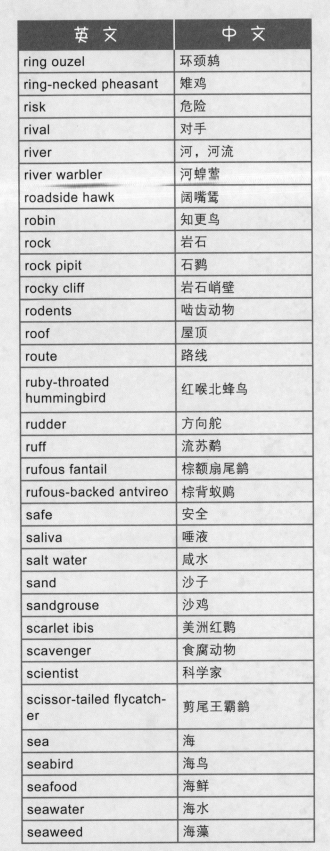

英 文	中 文
sound	声音
source	来源
South America	南美洲
southern carmine bee-eaters	南红蜂虎
specles	物种
spectacle	景象
spectacled owl	眼镜鸮
spectacled parrotlet	眼镜鹦哥
speech	说话
speed	速度
Spix's macaw	斯比克斯金刚鹦鹉
spoon-billed sandpiper	勺嘴鹬
spot	地点
spotted nightjar	斑毛腿夜鹰
spring	春天，春季
sprinter	短跑运动员
spruce grouse	枞树鸡
squirrel	松鼠
stamina	体力
starling	掠鸟
steppe buzzard	欧亚鵟
stick	枯枝
sticker	贴纸
stomach	胃
stone	石头
strategy	策略
strike	撞击
strip	条
stripe	条纹
structure	结构
style	方式
suet	板油
sugar	糖

英 文	中 文
Sun	太阳
sunlight	阳光
sunset	日落
superb fairywren	壮丽细尾鹩莺
superb lyrebird	华丽琴鸟
superb pitta	美丽八色鸫
survivor	幸存者
swan	天鹅
swift	雨燕
swinhoe's pheasant	蓝鹇
sword-billed humming-bird	刀嘴蜂鸟
symbiotic relationship	共生关系
symbol	象征
tactics	战术
tail	尾，尾巴
talon	爪子
task	任务
tawny owl	灰林鸮
technique	技术
Temminck's lark	漠角百灵
Temminck's tragopan	红腹角雉
temperate forest	温带森林
temperature	温度
territory	领地
theropod	兽脚亚目动物
threat	威胁
throat	喉
thrush	鸫属
tip	尖端
toe	脚趾
tool	工具
tooth	牙齿
town	镇
trade	贸易

英　文	中　文
tragopan	角雉
tree	树木
tree bark	树皮
tree branch	树枝
tree trunk	树干
tropical forest	热带森林
tropical jungle	热带丛林
tufted puffin	簇海鹦
tufted titmouse	美洲凤头山雀
turkey	火鸡
tyrannosaurus rex	霸王龙
underground	地下
undergrowth	矮树丛
underwater	水下
ural owl	长尾林鸮
urban area	市区
varied tit	杂色山雀
vegetation	植被
velvet-fronted nuthatch	绒额鸸
village weaver	黑头织雀
vulture	秃鹫
vulturine parrot	鹫鹦鹉
wader	涉禽
wake Island rail	威克岛秧鸡
wandering albatross	漂泊信天翁
water	水
waterbird	水鸟
watery habitat	水生栖息地
wattle	垂肉
wattled jacana	肉垂水雉
wave	浪
weasel	黄鼠狼
weather	天气
webbed foot	蹼足
western reef egret	黄喉岩鹭

英　文	中　文
wetland	湿地
white stork	欧洲白鹳
white tern	白玄鸥
white throated dipper	白喉河乌
white-browed tit	白眉山雀
white-cheeked nut-hatch	白脸鸸
white-fronted scops owl	白额角鸮
white-headed vulture	白头秃鹫
white-necked heron	白颈鹭
white-throated bee-eater	白喉蜂虎
white-throated sparrow	白喉带鹀
white-throated treecreeper	白喉短嘴旋木雀
wild turkey	野生火鸡
wildlife	野生物
willow grouse	柳雷鸟
wing	翅膀
wingspan	翼展
winter	冬天，冬季
wood warbler	林柳莺
woodcock	丘鹬
woodland	林地
woodpecker	啄木鸟
woods	树林
world	世界
wrybill	弯嘴鸻
yellow warbler	北美黄林莺
yellow-billed amazon	黄嘴亚马逊鹦鹉
yellow-breasted bunting	黄胸鹀
yellow-chevroned para-keet	黄翅斑鹦哥

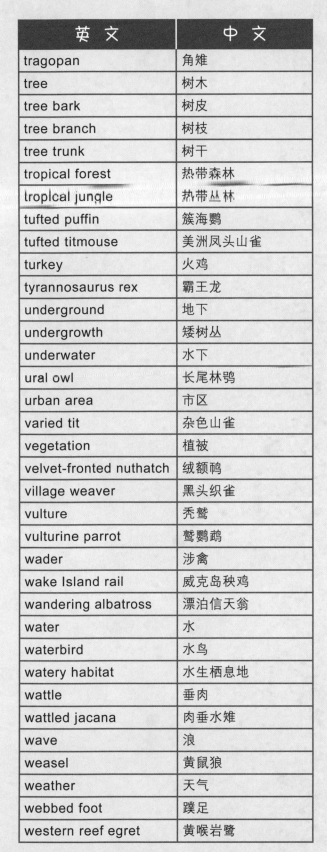

致　谢

The publisher would like to thank the following people for their assistance: Caroline Twomey
for proofreading; Helen Peters for the index;
Neeraj Bhatia and Jagtar Singh for image work;
and Sakshi Saluja for picture research.

图片来源

The publisher would like to thank the following for their kind permission to reproduce their photographs: (Key: a-above; b-below/bottom; c-centre; f-far; l-left; r-right; t-top)

1 Dreamstime.com: Designprintck (background). 2–3 Dreamstime.com: Designprintck (background). 4–5 Dreamstime.com: Martin Pelanek. 6 Dreamstime.com: Designprintck (background).
6 Dorling Kindersley: Peter Minister (clb). Dreamstime.com: Chernetskaya (bl). 7 Dorling Kindersley: Jerry Young (bc). Dreamstime.com: Atman (tc); Jessamine (tr); Svetlana Foote (bl). 8 Getty Images: 500px Prime / Johnny Kääpä. 9 Alamy Stock Photo: AGAMI Photo Agency / Dubi Shapiro (cla); blickwinkel / Woike (t); AGAMI Photo Agency / Karel Mauer (cb); All Canada Photos / Tim Zurowski (fcrb). Depositphotos Inc: DennisJacobsen (tl). Dorling Kindersley: Bill Schmoker (clb). Dreamstime.com: Designprintck (background); Kinnon / Woravit Vijitpanya (bl). Getty Images: 500Px Plus / Kári Kolbeinsson (tc/gannet); Corbis Documentary / Arthur Morris (cr). Getty Images / iStock: E+ / Andyworks (c); OldFulica (cb/condor). naturepl.com: 2020VISION / Andy Rouse (crb). Shutterstock.com: WesselDP (tr). 10 Alamy Stock Photo: Minden Pictures / Gerry Ellis (bc). Dreamstime.com: Altaoosthuizen (cla); Rainer Lesniewski (t); Nickolay Stanev (bl). 11 123RF.com: Eric Isselee (cr). Alamy Stock Photo: blickwinkel / K. Wothe (tr, tr/eggs); FLPA (br). Dreamstime.com: Necati Bahadir Bermek (clb); Douglas Olivares (tl); Andrey Eremin (bc); Isselee (cl). Shutterstock.com: Rob Jansen (cla). SuperStock: NHPA (cra). 12–13 Dreamstime.com: Designprintck (background). 13 Alamy Stock Photo: manjeet & yograj jadeja (t); Nature Picture Library / Hanne & Jens Eriksen (clb); Minden Pictures / Flip de Nooyer (bl). Dreamstime.com: Víctor Suárez Naranjo (c). Getty Images: Design Pics / Its About Light (crb). 14 123RF.com: ajt / Andrzej Tokarski (bc, clb). Dorling Kindersley: E. J. Peiker (moorhen x2). Dreamstime.com: Eng101 (cl); Dan Rieck (c); Tom Meaker (bl). 15 Dreamstime.com: Designprintck (background). 16 Alamy Stock Photo: robertharding / Michael Nolan (c). Dreamstime.com: Joan Egert (bc); Igor Stramyk (cl); Javier Alonso Huerta (crb). 16–17 Dreamstime.com: Designprintck (b/background). 17 Dreamstime.com: Sergey Korotkov (c); Julienne Spiteri (cb); Tarpan (ca); Sederi (cra). FLPA: (cr). 18–19 Dreamstime.com: Yongkiet. 19 Dreamstime.com: Designprintck (background). 20 Alamy Stock Photo: All Canada Photos / Glenn Bartley (br); Krystyna Szulecka (cla). Dorling Kindersley: Will Heap / Peter Warren (clb). Dreamstime.com: Jan Martin Will (cr). 20–21 Dreamstime.com: Designprintck (background). 21 Alamy Stock Photo: imageBROKER / Erhard Nerger (c); simon margetson travel (cl); imageBROKER / Wilfried Wirth (crb); Nature Picture Library / Tui De Roy (cb/kiwi). Depositphotos Inc: imagebrokermicrostock (bc). Dorling Kindersley: Cecil Williamson Collection (cb); Natural History Museum, London (cr). Dreamstime.com: Steveheap (c/rocks). 22 Alamy Stock Photo: All Canada Photos / Ron Erwin (cr); Bill Gozansky (clb); Nature Photographers Ltd / Brian E Small (crb). Dorling Kindersley: Barrie Watts (grass). Dreamstime.com: Vasiliy Vishnevskiy (tr). 22–23 Dreamstime.com: Designprintck (b/background). 23 Alamy Stock Photo: Ernie Janes (c). Dreamstime.com: Ahkenahmed (tl); Dewins (palm leaves); Mikelane45 (cl); Anne Coatesy (clb); Wrangel (crb). 24 123RF.com: julinzy (tr). Alamy Stock Photo: CTK (cb); Dave Watts (br/rosella). Dreamstime.com: Chernetskaya (br); Vaclav Matous (clb). 24–25 Dreamstime.com: Dewins (tc).
25 123RF.com: lightwise (jungle background); rodho (bl); Dmitry Pichugin (tl). Alamy Stock Photo: blickwinkel / McPHOTO / DIZ (cb); imageBROKER / GTW (bl/parakeet). Dorling Kindersley: Mona Dennis (c). Dreamstime.com: Dewins (cra); Taweesak Sriwannawit (bc). Getty Images / iStock: nmulconray (cl).
26 Alamy Stock Photo: blickwinkel / McPHOTO / PUM (cr); Estan Cabigas (cla). Dorling Kindersley: The National Birds of Prey Centre (br). 27 Alamy Stock Photo: Biosphoto / Saviero Gatto (bl). Dreamstime.com: Altaoosthuizen (cla); Jens_Lambert_Photography (crb). 28 Dorling Kindersley: Jerry Young (cl); Peter Anderson (clb). Dreamstime.com: Alfotokunst (cr); Martin Pelanek (cla); Fischer0182 (clb/shoveler); Mikelane45 (bc); Mexrix (sea); Charles Brutlag (tr).
29 Dorling Kindersley: Jerry Young (br). Dreamstime.com: Dule964 (autumn leaves); Howiewu (tc); Viter8 (cl); Paul Reeves (bc). Fotolia: Yong Hian Lim (cr/palm trees). 30 123RF.com: Aleksey Poprugin (blue plastic bag). Dreamstime.com: Costasz (blue bottle); Vladvitek (cla); Melonstone (cra); Dalia Kvedaraite (tr); Alfio Scisetti (green bottles x2); Lemusique (plastic bag); Gamjai / Penchan Pumila (yellow cap bottle). Getty Images / iStock: mzphoto11 (bc). 31 Alamy Stock Photo: FLPA (br). Getty Images / iStock: Gerald Corsi (tl); mauribo (tc). 32 123RF.com: Thawat Tanhai (tl). Depositphotos Inc: mikelane45 (crb). Dorling Kindersley: E. J. Peiker (clb). Dreamstime.com: Sandi Cullifer (br); Brian Kushner (cl); Paddyman2013 (bl). 33 Dorling Kindersley: Mike Lane (cb). Dreamstime.com: Eng101 (tr); Farinoza (cra); Petar Kremenarov (ca). naturepl.com: Daniel Heuclin (crb). 34–35 Getty Images: AFP / Menahem Kahana. 35 Dreamstime.com: Atman (b); Designprintck (background); Vasyl Helevachuk (br). 36 Alamy Stock Photo: FLPA (tl). Dreamstime.com: Charles Brutlag (cr); Imogen Warren (tc); Keithpritchard (tr); Kaido Rummel (cl); Volodymyr Kucherenko (br). 37 Dreamstime.com: Agami Photo Agency (clb); Mikalay Varabey (tl); Hernani Jr Canete (ca); Ken Griffiths (tr), Ruloula (cb); Vasyl Helevachuk (br). 38–39 Shutterstock.com: simibonay. 39 Alamy Stock Photo: Alessandro Mancini (bc). Dorling Kindersley: Markus Varesvuo (cr). Dreamstime.com: Volodymyr Byrdyak (cra); Iakov Filimonov (br). 40 Dorling Kindersley: Peter Anderson (stones). Dreamstime.com: Agami Photo Agency (crb). 41 Alamy Stock Photo: imageBROKER / Wilfried Wirth (western sword fern). Dreamstime.com: Frankjoe1815 (crb); Brian Lasenby (l). 42 123RF.com: Dennis Jacobsen (crb). Dreamstime.com: Dennis Jacobsen (cla); Prin Pattawaro (cra). 42–43 Dreamstime.com: Ruslanchik / Ruslan Nassyrov (background). 43 Dorling Kindersley: NASA (tr). Dreamstime.com: Paul Reeves (bc); Harold Stiver (cr). 44 Dreamstime.com: Hellmann1 (bl); Isselee (tr). Getty Images: Tier Und Naturfotografie J und C Sohns (tl). naturepl.com: Alex Mustard (cr). 45 Alamy Stock Photo: Minden Pictures / Jim Brandenburg (c). Dreamstime.com: Linnette Engler (cra); Mikelane45 (cr, bc); Slowmotiongli (crb). 46 Alamy Stock Photo: Auscape International Pty Ltd / Robert McLean (bl); Biosphoto / Mario Cea Sanchez (cb). 46–47 123RF.com: citadelle (cb). 47 Dorling Kindersley: NASA (tr). Dreamstime.com: Per Grundtiz (c); Zeytun Images (clb/nightjar). Getty Images / iStock: A-Digit (tc); MikeLane45 (ca); Thipwan (br). 48–49 Dreamstime.com: Davide Guidolin. 50–51 Shutterstock.com: Wang LiQiang. 51 Dreamstime.com: Designprintck (background). 52 Alamy Stock Photo: Nature Picture Library / Konrad Wothe (tc); Nature Picture Library / Luiz Claudio Marigo (cla). Dreamstime.com: Cowboy54 (cra); Jocrebbin (tr); Feathercollector (cb); Afonso Farias (clb). 53 Alamy Stock Photo: FLPA (cb). Dreamstime.com: Agami Photo Agency (tl); Imogen Warren (tc); Llmckinne (tr); Rinus Baak (ca); Brian Kushner (bc); Simonas Minkevi ius (br). Shutterstock.com: Agami Photo Agency (cla); MTKhaled mahmud (bl). 54 Dreamstime.com: Richard Lindie (bc); Graeme Snow (br). 54–55 Dreamstime.com: Designprintck (background). Getty Images: Stone / Rosemary Calvert. 55 Alamy Stock Photo: China Span / Keren Su (br). Getty Images / iStock: Carlos-B (bl). 56 Alamy Stock Photo: All Canada Photos / Roberta Olenick (bc). Dorling Kindersley: Gary Ombler (cr). Dreamstime.com: Rinus Baak (tl); Ian Dyball (tr); Ihor Smishko (sand background). 57 Dreamstime.com: Designprintck (background); Martin Pelanek (t); Mathilde Receveur (bl). naturepl.com: Michael Pitts (b). Shutterstock.com: Agami Photo Agency (c). 58 Alamy Stock Photo: Minden Pictures / Buiten-beeld / Otto Plantema (br). Dorling Kindersley: Stephen Oliver (clb, clb/pebbles). Dreamstime.com: Sue Feldberg (tr); Ihor Smishko (sand background); Ond ej Prosick (tl); Waldemar Knight (cl); Maciej Olszewski (bl). 58–59 Dreamstime.com: Ruslanchik / Ruslan Nassyrov (background). 59 Dreamstime.com: Steve Byland (cl); Imogen Warren (br); Brian Lasenby (cr). Getty Images / iStock: Harry Collins (tc). 60 Dreamstime.com: Agami Photo Agency (br). naturepl.com: Hanne & Jens Eriksen (bl). 60–61 Dreamstime.com: Agami Photo Agency (c). 61 Alamy Stock Photo: Minden Pictures / BIA / Mathias Schaef. naturepl.com: Hanne & Jens Eriksen (cb). 62 123RF.com: agamiphoto (ca). Dreamstime.com: Dennis Jacobsen (bl). 63 Dreamstime.com: Agami Photo Agency (b); Henry Soesanto (cra); Charles Brutlag (cla). 64–65 Getty Images: Mint Images RF - Oliver Edwards. 65 Dreamstime.com: Designprintck (background); Michael Truchon (tr). 66 Dreamstime.com: Sergei Razvodovskij (l). 66–67 Dreamstime.com: Designprintck (background). 67 Dorling Kindersley: National Birds of Prey Centre, Gloucestershire (tr). 68 Alamy Stock Photo: All Canada Photos / Glenn Bartley (tr); Minden Pictures / BIA / Jan Wegener (tl). Dreamstime.com: Steve Byland (cr); Isselee (bl). 69 Alamy Stock Photo: All Canada Photos / Jared Hobbs (cla); Design Pics Inc / David Ponton (c); Dave Keightley (br). Getty Images / iStock: Angelika (r). 70 123RF.com: Thawat Tanhai (c). Dreamstime.com: Chamnan Phanthong (cra). 71 Dreamstime.com: Gentoomultimedia (cra); Yezhenliang (tc); Aris Triyono (br); (null) (null) (bc). 72 Dorling Kindersley: Natural History Museum, London (clb, cb). Dreamstime.com: Nfransua (cra); Elena Schweitzer (ca). 74 Dreamstime.com: Marcobarone (c); Stuartan (tl). 75 Dreamstime.com: Agami Photo Agency (c, cb); Michael Truchon (cl). 80 Dreamstime.com: Designprintck (background).

Cover images: Front: Dorling Kindersley: E.J. Peiker (tr); Dreamstime.com: Assoonas (kingfisher), Astrid228 / Astrid Gast (crb), Atman (t)/ (chestnut leaf x2), Svetlana Foote (jay), Jessamine (clb), Mikelane45 (bl); Fotolia: Eric Isselee (owl); Getty Images / iStock: PrinPrince (yellow bird). Back: 123RF.com: Keith Levit (clb); Dorling Kindersley: Jerry Young (cra); Asherita Viajera: (tl). Spine: Dreamstime.com: Astrid228 / Astrid Gast (t)/ (hinduracke).

All other images © Dorling Kindersley

For further information see: www.dkimages.com

关于插画者

克莱尔·麦克埃尔法特里克是一名自由艺术家。她曾经制作手绘贺卡，后来为儿童读物画插图，灵感来自她在英格兰乡村的家。